런런 옥스퍼드 수학

3권

곱셈 실력 다지기

차례

2단 곱셈 기억하기

1 가운데에 있는 2와 곱해 나온 값을 빈칸에 쓰세요.

기억하자!
2단 곱셈은
2씩 뛰어 세기와 같아요.

우주선이 행성으로
돌아올 수 있게
도와줘.

2 2단 곱셈을 이용해 빈 곳에 알맞은 스티커를 붙여 우주선이 행성까지 갈 수 있게 도와주세요.

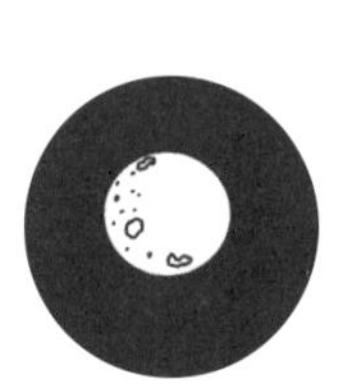

3 관계있는 곱셈식과 나눗셈식을 선으로 이어 보세요.

기억하자!
곱셈식과 나눗셈식은 서로 바꾸어 나타낼 수 있어요.

$2 \div 1 = 2$			$4 \div 2 = 2$
$6 \div 3 = 2$	$2 \times 4 = 8$	$2 \times 2 = 4$	$14 \div 7 = 2$
	$2 \times 3 = 6$	$2 \times 9 = 18$	
$8 \div 4 = 2$	$2 \times 5 = 10$	$2 \times 7 = 14$	$16 \div 8 = 2$
$10 \div 5 = 2$	$2 \times 1 = 2$	$2 \times 8 = 16$	$18 \div 9 = 2$
	$2 \times 6 = 12$	$2 \times 10 = 20$	
$12 \div 6 = 2$	$2 \times 11 = 22$	$2 \times 12 = 24$	$20 \div 10 = 2$
$22 \div 11 = 2$			$24 \div 12 = 2$

4 2단 곱셈의 값을 이용하여 점과 점을 순서대로 이어 보세요.

체크! 체크!
2×2=2+2,
2×3=2+2+2와
같이 답이 2를
곱하는 수만큼
더한 것과 같은지
확인해 보세요. □

잘했어!

문제를 다 푼 다음, 32쪽으로!

3단 곱셈 기억하기

1 3단 곱셈을 똑같이 따라 써 보세요.

기억하자!
곱셈을 읽고, 따라 쓰면 더 잘 기억할 수 있어요.

$3 \times 1 = 3$		$3 \times 7 = 21$	
$3 \times 2 = 6$		$3 \times 8 = 24$	
$3 \times 3 = 9$		$3 \times 9 = 27$	
$3 \times 4 = 12$		$3 \times 10 = 30$	
$3 \times 5 = 15$		$3 \times 11 = 33$	
$3 \times 6 = 18$		$3 \times 12 = 36$	

2 3단 곱셈을 이용해 빈 곳에 알맞은 스티커를 붙여 벌이 벌집으로 갈 수 있게 도와주세요.

벌들이 길을 잃지 않게 도와줘. 냠냠!

3 관계있는 곱셈식과 나눗셈식을 선으로 이어 보세요.

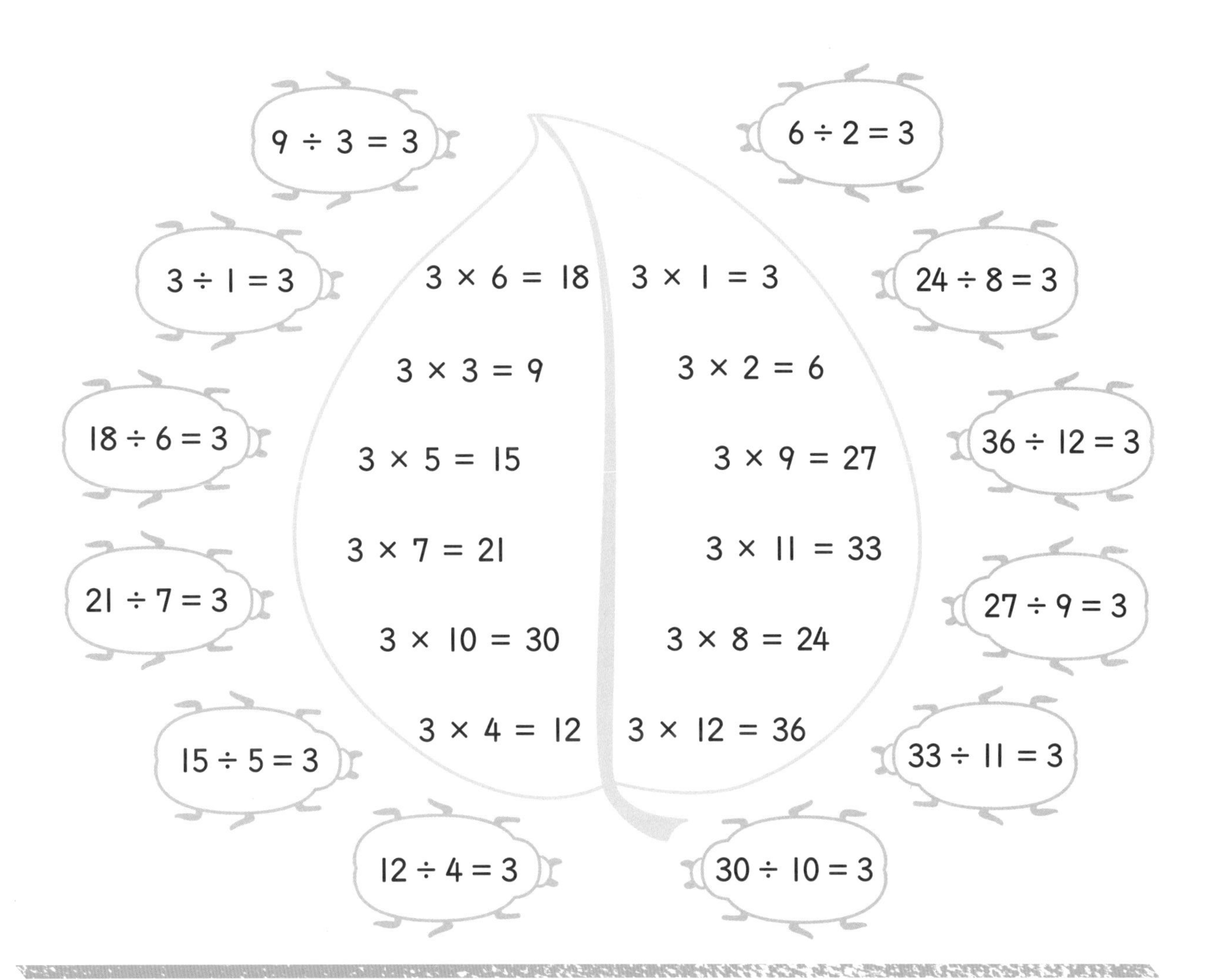

4 3단 곱셈의 값에는 검은색을 칠하고 나머지 수에는 초록색을 칠하세요.

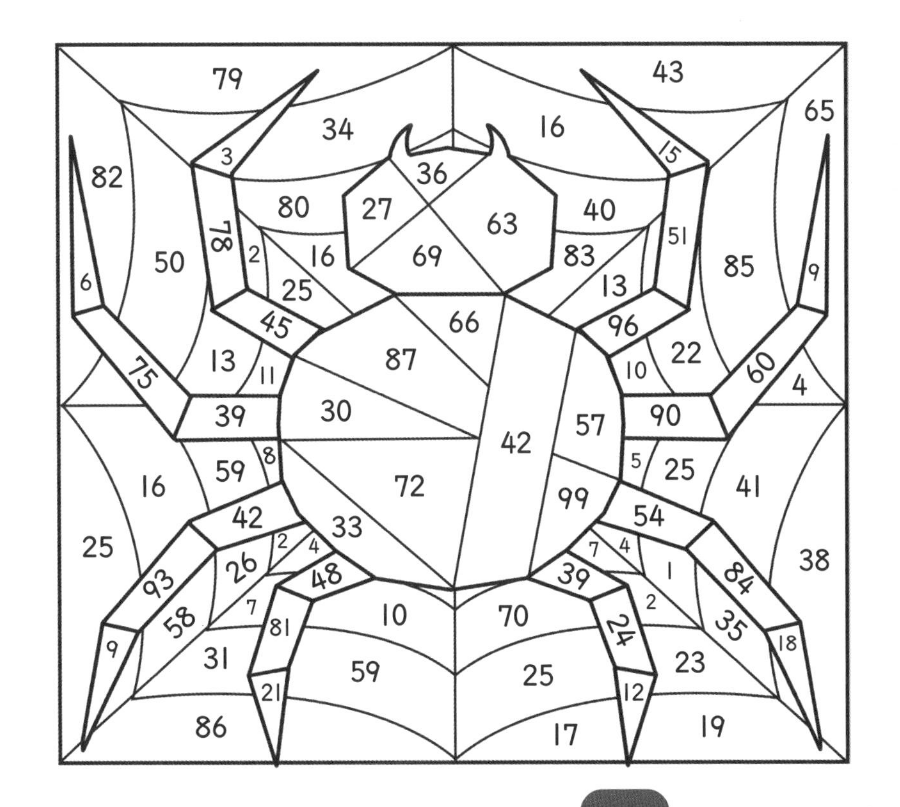

체크! 체크!

3씩 뛰어 세어 답을 확인하세요. ☐

문제를 다 푼 다음, 32쪽으로!

4단 곱셈 기억하기

1 가운데에 있는 4와 곱해 나온 값을 빈칸에 쓰세요.

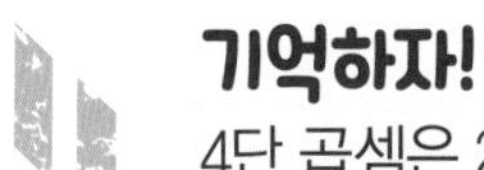

기억하자!
4단 곱셈은 2단 곱셈의 2배예요.

2 관계있는 곱셈식과 나눗셈식을 선으로 이어 보세요.

4 ÷ 1 = 4

8 ÷ 2 = 4

12 ÷ 3 = 4

16 ÷ 4 = 4

20 ÷ 5 = 4

24 ÷ 6 = 4

4 × 5 = 20

4 × 1 = 4

4 × 6 = 24

4 × 4 = 16

4 × 8 = 32

4 × 3 = 12

4 × 10 = 40

4 × 2 = 8

4 × 11 = 44

4 × 7 = 28

4 × 12 = 48

4 × 9 = 36

48 ÷ 12 = 4

44 ÷ 11 = 4

40 ÷ 10 = 4

36 ÷ 9 = 4

32 ÷ 8 = 4

28 ÷ 7 = 4

3 4단 곱셈을 이용하여 빈칸을 채우세요.

4	8							36	40
12	16							44	48
48	44					24	20		

4 곱셈을 하여 암호를 풀어 보세요. 곱셈의 답에 해당하는 알파벳을 표에서 찾아 빈칸에 쓰세요.

암호					
	4 = a	16 = d	29 = k	37 = p	43 = v
	7 = g	20 = e	32 = l	38 = q	44 = u
	8 = b	23 = j	34 = m	39 = r	45 = w
	12 = c	24 = f	35 = n	40 = s	48 = y
	15 = h	28 = i	36 = o	41 = t	52 = z

암호를 풀어서 꽃을 찾아봐.

4×4	4×1	4×6	4×6	4×9	4×4	4×7	4×8
d							

4×2	4×8	4×11	4×5	4×2	4×5	4×8	4×8

4×4	4×1	4×7	4×10	4×12

체크! 체크!
4씩 뛰어 세어 답을 확인하세요. ☐

4×8	4×7	4×8	4×1	4×3

4×8	4×7	4×8	4×12

* daffodil 수선화, bluebell 블루벨, daisy 데이지, lilac 라일락, lily 백합

문제를 다 푼 다음, 32쪽으로!

5단 곱셈 기억하기

1 5단 곱셈을 똑같이 따라 써 보세요.

기억하자!
읽고 따라 써 보세요.

5 × 1 = 5		5 × 7 = 35	
5 × 2 = 10		5 × 8 = 40	
5 × 3 = 15		5 × 9 = 45	
5 × 4 = 20		5 × 10 = 50	
5 × 5 = 25		5 × 11 = 55	
5 × 6 = 30		5 × 12 = 60	

2 5단 곱셈을 이용하여 빈칸을 채워 동전을 보물 상자에 넣어 주세요.

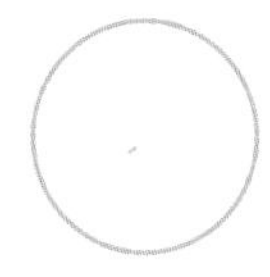

3 관계있는 곱셈식과 나눗셈식을 선으로 이어 보세요.

5 ÷ 1 = 5

10 ÷ 2 = 5

15 ÷ 3 = 5

20 ÷ 4 = 5

25 ÷ 5 = 5

30 ÷ 6 = 5

5 × 5 = 25

5 × 3 = 15

5 × 6 = 30

5 × 2 = 10

5 × 4 = 20

5 × 1 = 5

5 × 9 = 45

5 × 11 = 55

5 × 7 = 35

5 × 12 = 60

5 × 8 = 40

5 × 10 = 50

35 ÷ 7 = 5

40 ÷ 8 = 5

45 ÷ 9 = 5

50 ÷ 10 = 5

55 ÷ 11 = 5

60 ÷ 12 = 5

4 5단 곱셈의 값에 색칠하세요.

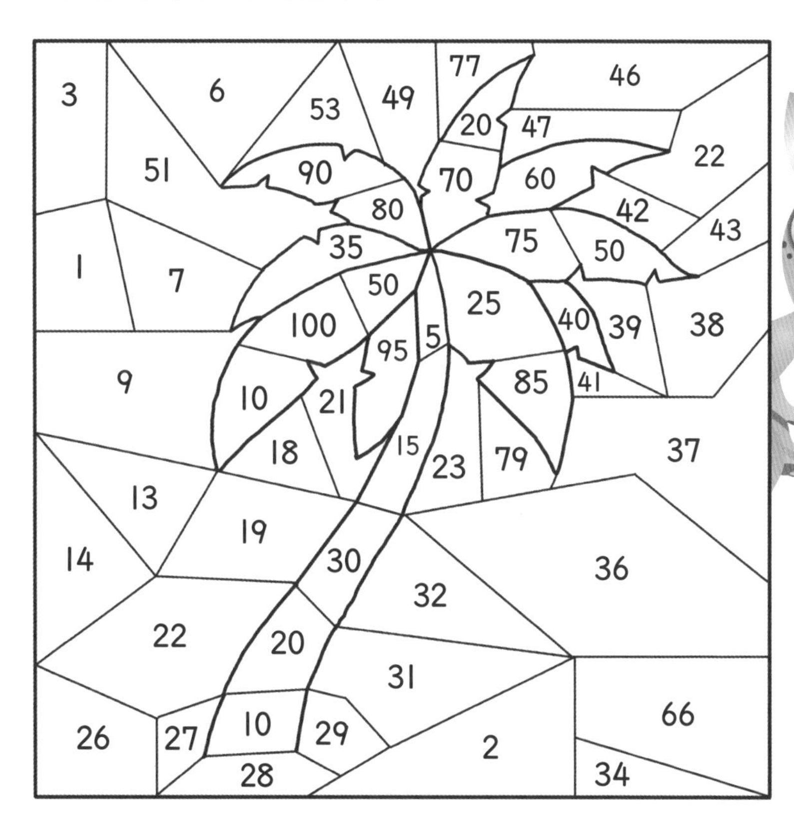

무엇이 생겼니?

잘했어!

칭찬 스티커를 붙이세요.

체크! 체크!

답이 0이나 5로 끝나는지 확인해 보세요. ☐

6단 곱셈 기억하기

1 가운데에 있는 6과 곱해 나온 값을 빈칸에 쓰세요.

기억하자!
6단 곱셈은 3단 곱셈의 2배예요.

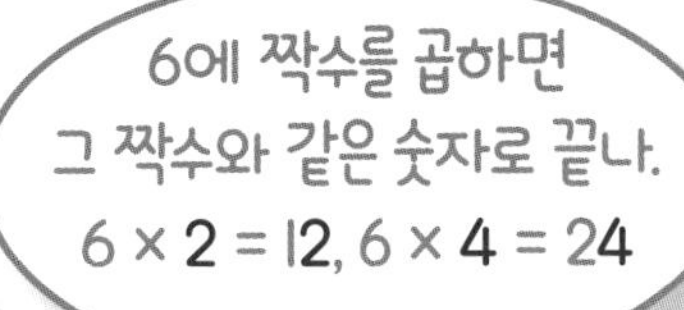

2 6단 곱셈을 똑같이 따라 써 보세요.

기억하자!
읽고 따라 써 보세요.

$6 \times 1 = 6$		$6 \times 7 = 42$	
$6 \times 2 = 12$		$6 \times 8 = 48$	
$6 \times 3 = 18$		$6 \times 9 = 54$	
$6 \times 4 = 24$		$6 \times 10 = 60$	
$6 \times 5 = 30$		$6 \times 11 = 66$	
$6 \times 6 = 36$		$6 \times 12 = 72$	

3 6단 곱셈을 이용하여 빈칸을 채워 차를 차고로 보내 주세요.

4 나눗셈식과 관계있는 곱셈식 스티커를 찾아 붙이세요.

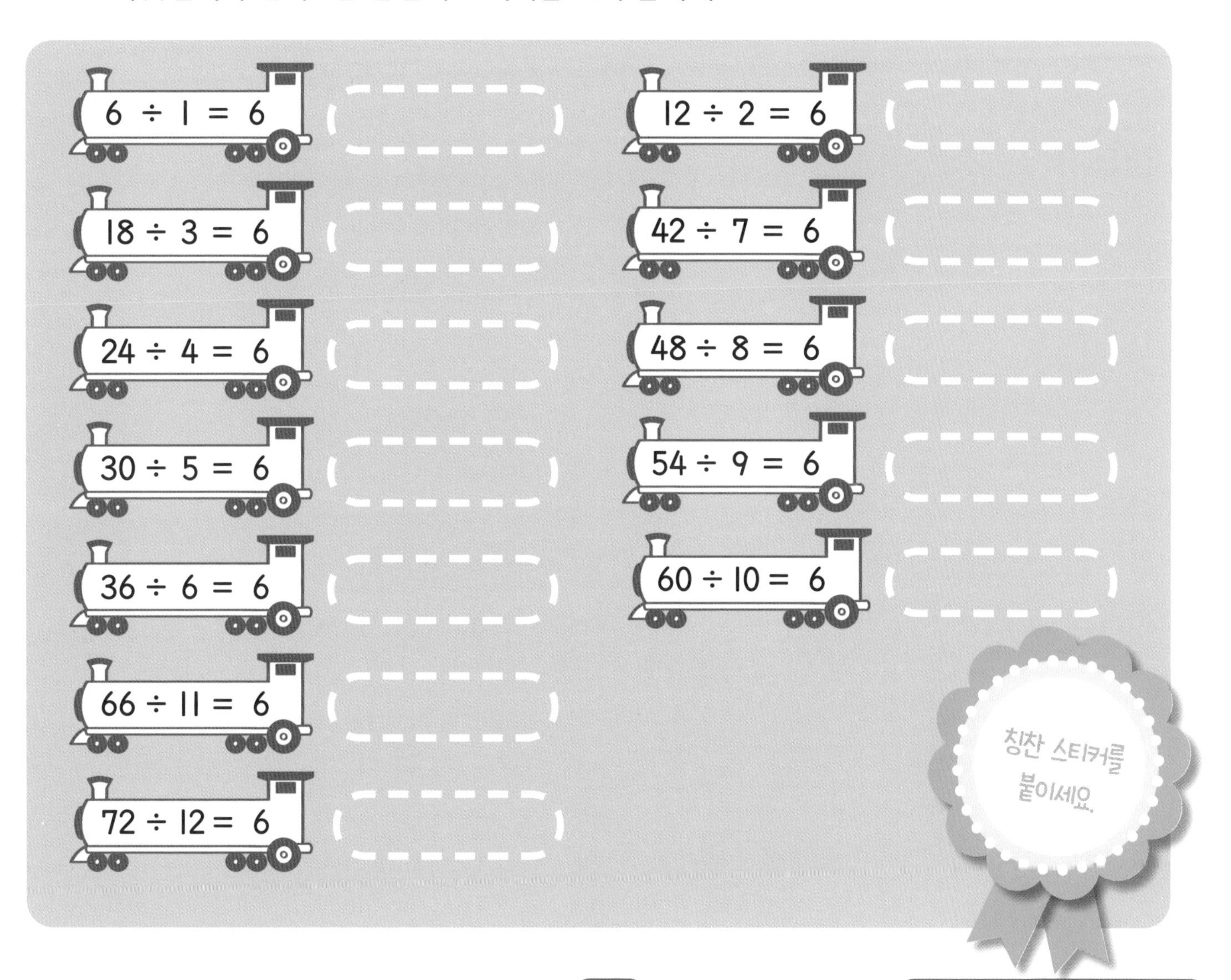

문제를 다 푼 다음, 32쪽으로!

7단 곱셈 기억하기

1 가운데에 있는 7과 곱해 나온 값을 빈칸에 쓰세요.

기억하자!

7단 곱셈의 값의 일의 자리는 홀수와 짝수가 번갈아 나타나요. 7(홀수), 14(짝수), 21(홀수), 28(짝수).

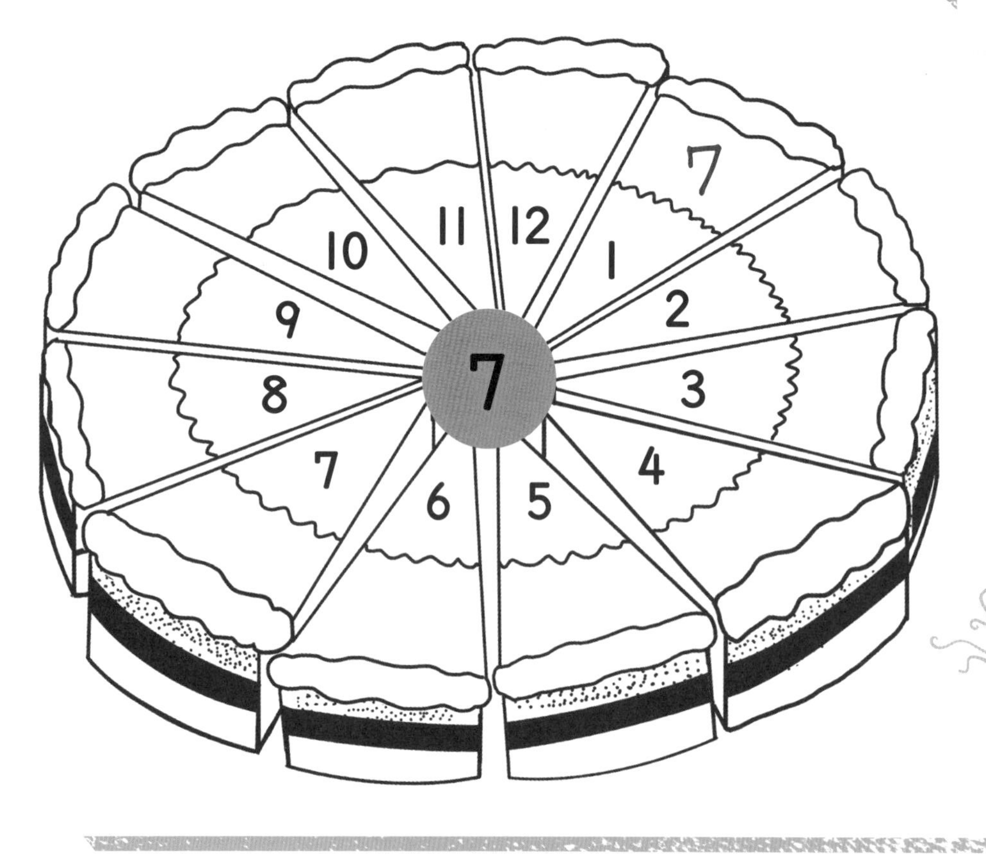

나는 7단 곱셈에서 특히 7 x 8이 어려웠어. 그래서 7 x 8 = 56은 5, 6, 7, 8이라고 외웠어.

2 7단 곱셈을 이용하여 빈 곳에 알맞은 스티커를 붙여 나비가 꽃을 찾아가게 도와주세요.

3 관계있는 나눗셈식과 곱셈식을 선으로 이어 보세요.

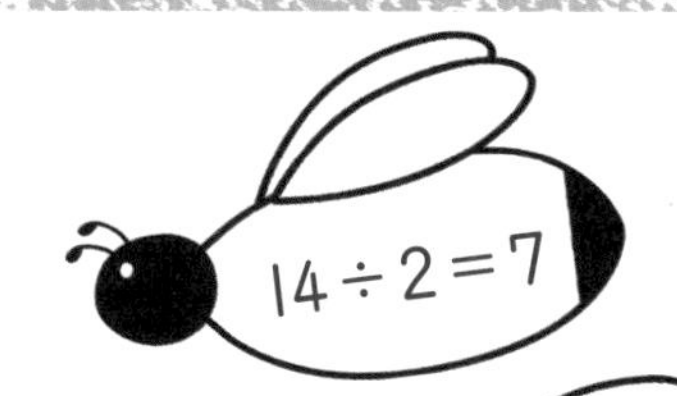

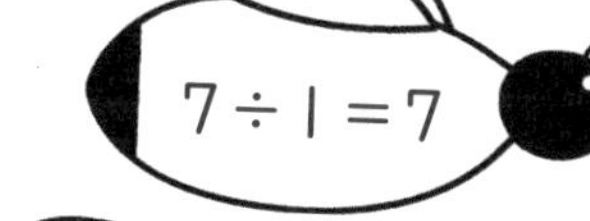

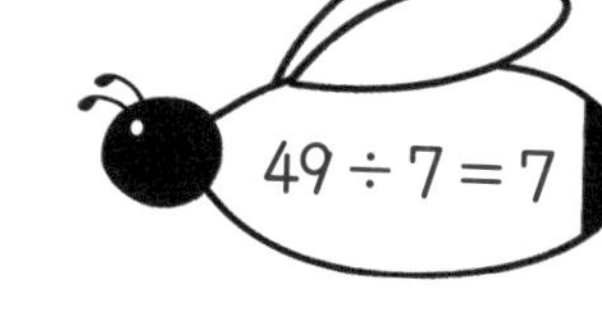

56 ÷ 8 = 7

28 ÷ 4 = 7

63 ÷ 9 = 7

35 ÷ 5 = 7

7 × 5 = 35	7 × 8 = 56
7 × 6 = 42	7 × 7 = 49
7 × 2 = 14	7 × 9 = 63
7 × 1 = 7	7 × 12 = 84
7 × 4 = 28	7 × 11 = 77
7 × 3 = 21	7 × 10 = 70

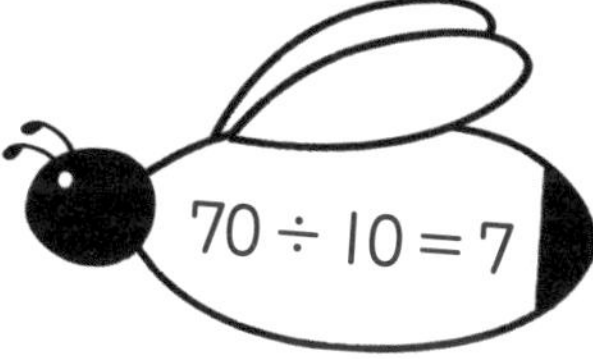

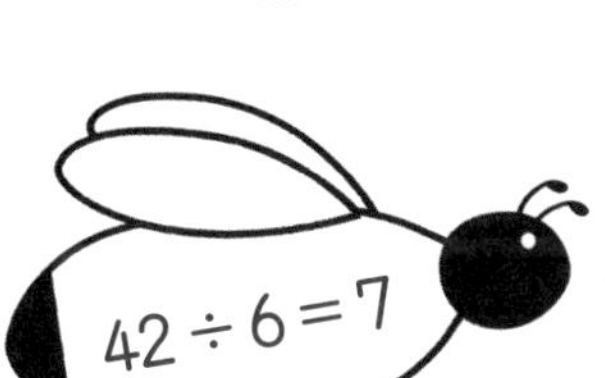

77 ÷ 11 = 7

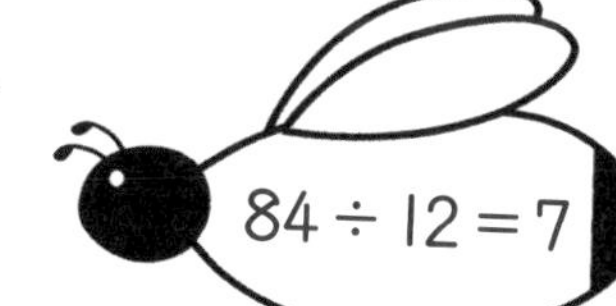

4 7단 곱셈의 값을 이용하여 점과 점을 순서대로 이어 보세요.

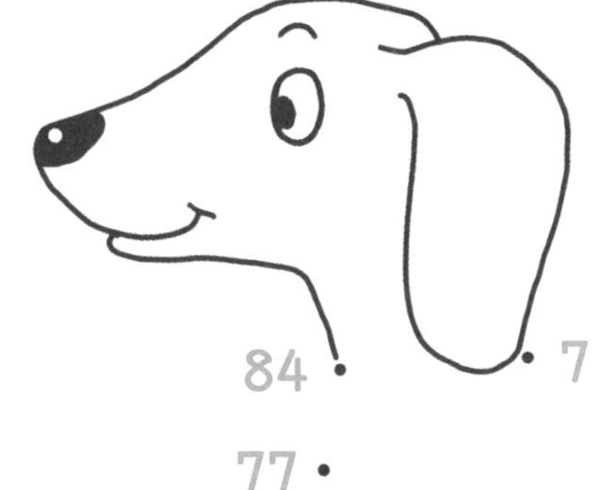

7씩 뛰어 세면서 답을 확인해 보세요. ☐

84 • 7 • 77 • 14 • 70 • 21 • 63 • 56 • 49 • 42 • 28 • 35

아니, 강아지니까 모를 거야.

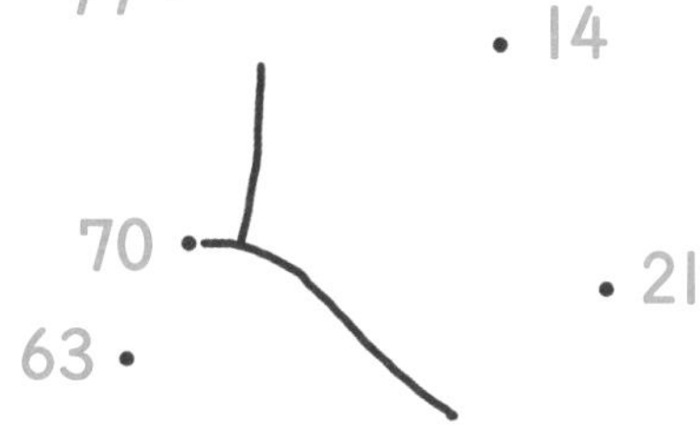

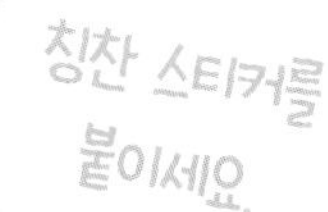

문제를 다 푼 다음, 32쪽으로!

8단 곱셈 기억하기

1 8단 곱셈을 똑같이 따라 써 보세요.

기억하자!
읽고 똑같이 따라 써 보세요.

8단 곱셈의 값의
일의 자리 수는 2씩
거꾸로 뛰어 세는 것과 같아.
8, 16, 24, 32, 40
그리고 계속 반복돼.

$8 \times 1 = 8$

$8 \times 2 = 16$

$8 \times 3 = 24$

$8 \times 4 = 32$

$8 \times 5 = 40$

$8 \times 6 = 48$

$8 \times 7 = 56$

$8 \times 8 = 64$

$8 \times 9 = 72$

$8 \times 10 = 80$

$8 \times 11 = 88$

$8 \times 12 = 96$

2 관계있는 곱셈식과 나눗셈식을 선으로 이어 보세요.

$32 \div 4 = 8$	$8 \times 5 = 40$	$8 \times 9 = 72$	$56 \div 7 = 8$
$16 \div 2 = 8$	$8 \times 4 = 32$	$8 \times 11 = 88$	$64 \div 8 = 8$
$8 \div 1 = 8$	$8 \times 6 = 48$	$8 \times 7 = 56$	$80 \div 10 = 8$
$24 \div 3 = 8$	$8 \times 2 = 16$	$8 \times 12 = 96$	$72 \div 9 = 8$
$40 \div 5 = 8$	$8 \times 1 = 8$	$8 \times 8 = 64$	$88 \div 11 = 8$
$48 \div 6 = 8$	$8 \times 3 = 24$	$8 \times 10 = 80$	$96 \div 12 = 8$

3 8단 곱셈의 값을 이용하여 빈 곳에 알맞은 스티커를 붙여 친구들이 피자를 먹을 수 있게 도와주세요.

4 곱셈을 하여 암호를 풀어 보세요. 곱셈의 답에 해당하는 알파벳을 표에서 찾아 빈칸에 쓰세요.

암호					
	8 = a	36 = f	54 = k	80 = p	98 = v
	16 = b	40 = g	56 = l	86 = q	100 = w
	24 = c	46 = h	60 = m	88 = r	104 = x
	28 = d	48 = i	64 = n	94 = s	112 = y
	32 = e	50 = j	72 = o	96 = t	116 = z

8×2 8×11 8×9 8×3 8×3 8×9 8×7 8×6

8×3 8×1 8×2 8×2 8×1 8×5 8×4

8×10 8×9 8×12 8×1 8×12 8×9

8×2 8×4 8×1 8×8 | 8×10 8×4 8×1

잘했어!

칭찬 스티커를 붙이세요.

체크! 체크!

8단 곱셈의 값은 모두 짝수예요. 구한 답이 짝수인지 확인해 보세요. ☐

* broccoli 브로콜리, cabbage 양배추, potato 감자, bean 콩, pea 완두콩

문제를 다 푼 다음, 32쪽으로!

9단 곱셈 기억하기

1 가운데에 있는 9와 곱해 나온 값을 빈칸에 쓰세요.

기억하자!
9 × 2는 10에 2를 곱한 다음
2를 빼면 답이 나와요.
다른 수도 마찬가지예요.
9 × 2 = 10 × 2 − 2 = 18

9단 곱셈의 값은
각 자리에 있는 수를 더하면
9 또는 18이 돼.
예) 9 × 2 = 18, 1 + 8 = 9
9 × 11 = 99, 9 + 9 = 18

2 9단 곱셈을 똑같이 따라 써 보세요.

기억하자!
읽고 똑같이 따라 써 보세요.

9 × 1 = 9	9 × 7 = 63
9 × 2 = 18	9 × 8 = 72
9 × 3 = 27	9 × 9 = 81
9 × 4 = 36	9 × 10 = 90
9 × 5 = 45	9 × 11 = 99
9 × 6 = 54	9 × 12 = 108

3 관계있는 곱셈식과 나눗셈식을 선으로 이어 보세요.

곱셈식	나눗셈식
9 × 1 = 9	81 ÷ 9 = 9
9 × 2 = 18	72 ÷ 8 = 9
9 × 3 = 27	18 ÷ 2 = 9
9 × 4 = 36	99 ÷ 11 = 9
9 × 5 = 45	54 ÷ 6 = 9
9 × 6 = 54	45 ÷ 5 = 9
9 × 7 = 63	36 ÷ 4 = 9
9 × 8 = 72	27 ÷ 3 = 9
9 × 9 = 81	9 ÷ 1 = 9
9 × 10 = 90	90 ÷ 10 = 9
9 × 11 = 99	108 ÷ 12 = 9
9 × 12 = 108	63 ÷ 7 = 9

곱셈식과 나눗셈식은 서로 바꾸어 나타낼 수 있어.

4 9단 곱셈을 이용하여 빈칸을 채우세요.

9	18							81	90
27		45	54						
90	81					36	27		
108	99								

체크! 체크!

답의 각 자리의 수를 더해 9 또는 18이 되는지 확인해 보세요. 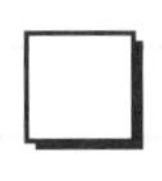

문제를 다 푼 다음, 32쪽으로!

10단 곱셈 기억하기

1 10단 곱셈을 똑같이 따라 써 보세요.

기억하자!
읽고 똑같이 따라 써 보세요.

10 × 1 = 10		10 × 7 = 70	
10 × 2 = 20		10 × 8 = 80	
10 × 3 = 30		10 × 9 = 90	
10 × 4 = 40		10 × 10 = 100	
10 × 5 = 50		10 × 11 = 110	
10 × 6 = 60		10 × 12 = 120	

2 10단 곱셈을 이용하여 빈칸을 채워
강아지가 집에 갈 수 있게 도와주세요.

기억하자!
10단 곱셈은 10씩 뛰어 세기와 같아요.

3 관계있는 곱셈식과 나눗셈식을 선으로 이어 보세요.

$10 \div 1 = 10$ | $20 \div 2 = 10$

$30 \div 3 = 10$
$40 \div 4 = 10$
$50 \div 5 = 10$
$60 \div 6 = 10$

$10 \times 4 = 40$
$10 \times 1 = 10$
$10 \times 6 = 60$
$10 \times 5 = 50$
$10 \times 2 = 20$
$10 \times 3 = 30$

$10 \times 10 = 100$
$10 \times 7 = 70$
$10 \times 12 = 120$
$10 \times 8 = 80$
$10 \times 11 = 110$
$10 \times 9 = 90$

$70 \div 7 = 10$
$80 \div 8 = 10$
$90 \div 9 = 10$
$100 \div 10 = 10$

$110 \div 11 = 10$ | $120 \div 12 = 10$

4 10단 곱셈의 값을 이용하여 점과 점을 순서대로 이어 보세요.

10 × 12 그다음 계산도
할 수 있도록 해 봐.

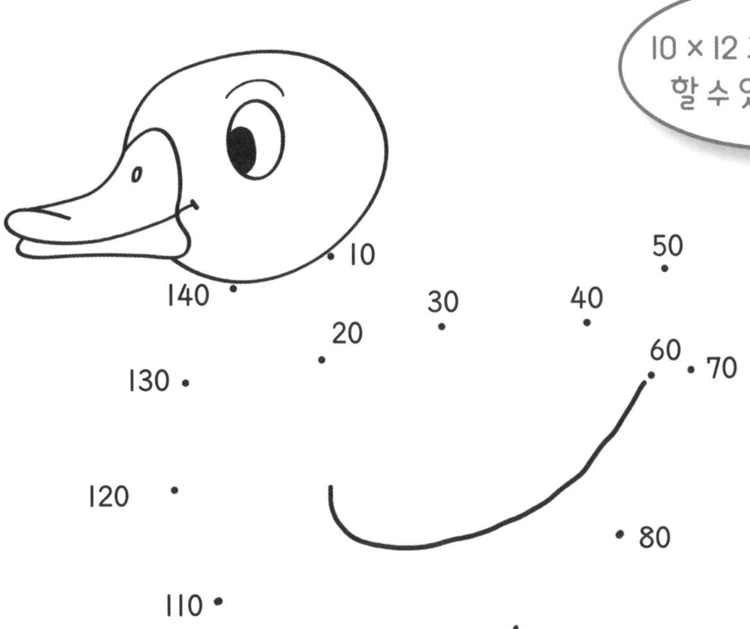

체크! 체크!
10단 곱셈의 값은
모두 0으로 끝나요.
친구의 답도 그런가요? ☐

칭찬 스티커를
붙이세요.

문제를 다 푼 다음, 32쪽으로!

11단 곱셈 기억하기

1 가운데에 있는 11과 곱해 나온 값을 빈칸에 쓰세요.

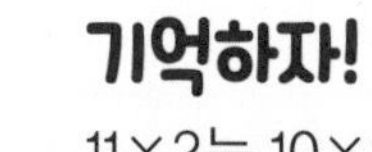

기억하자!

11×2는 10×2=20을 구한 다음 여기에 2를 더해도 돼요. 답은 22.

11

12 1 2 3 4 5 6 7 8 9 10 11

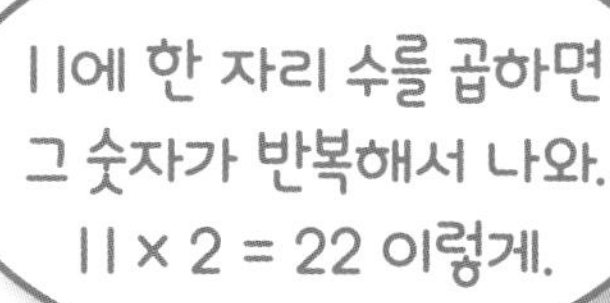

2 행성에 있는 곱셈식과 로켓에 있는 나눗셈식을 보고 관계있는 것끼리 선으로 이어 보세요.

$11 \div 1 = 11$

$33 \div 3 = 11$

$44 \div 4 = 11$

$55 \div 5 = 11$

$66 \div 6 = 11$

$121 \div 11 = 11$

$11 \times 3 = 33$ $11 \times 9 = 99$

$11 \times 11 = 121$ $11 \times 12 = 132$

$11 \times 5 = 55$ $11 \times 2 = 22$

$11 \times 1 = 11$ $11 \times 7 = 77$

$11 \times 6 = 66$ $11 \times 10 = 110$

$11 \times 4 = 44$ $11 \times 8 = 88$

$22 \div 2 = 11$

$77 \div 7 = 11$

$88 \div 8 = 11$

$99 \div 9 = 11$

$110 \div 10 = 11$

$132 \div 12 = 11$

3 11단 곱셈을 이용하여 빈칸을 채우세요.

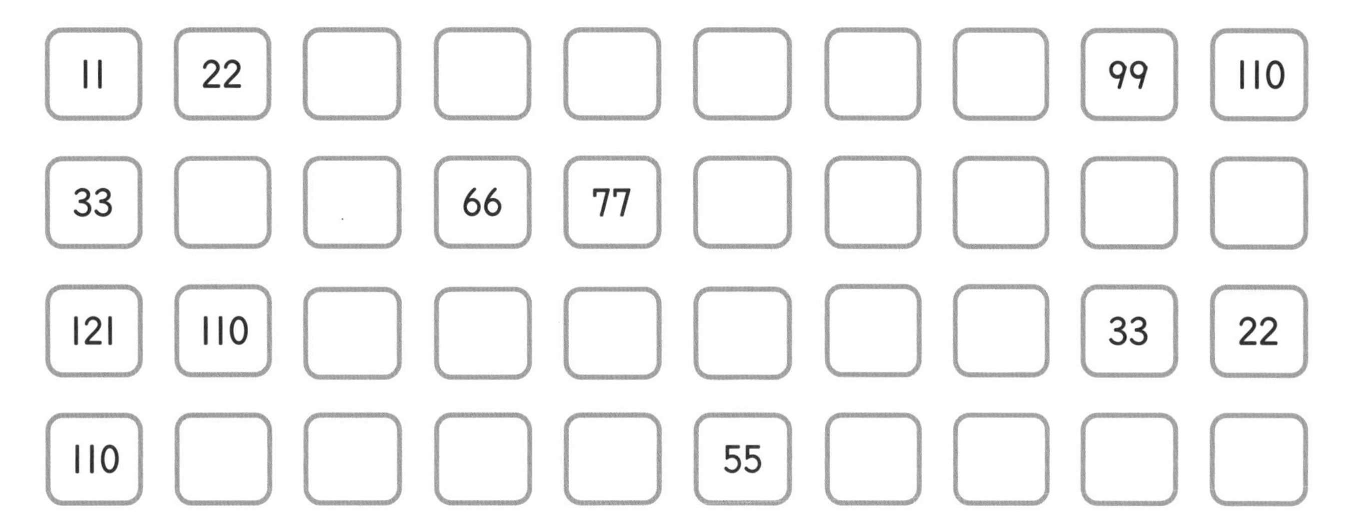

11	22							99	110
33			66	77					
121	110							33	22
110					55				

4 11단 곱셈의 값에 색칠하세요.

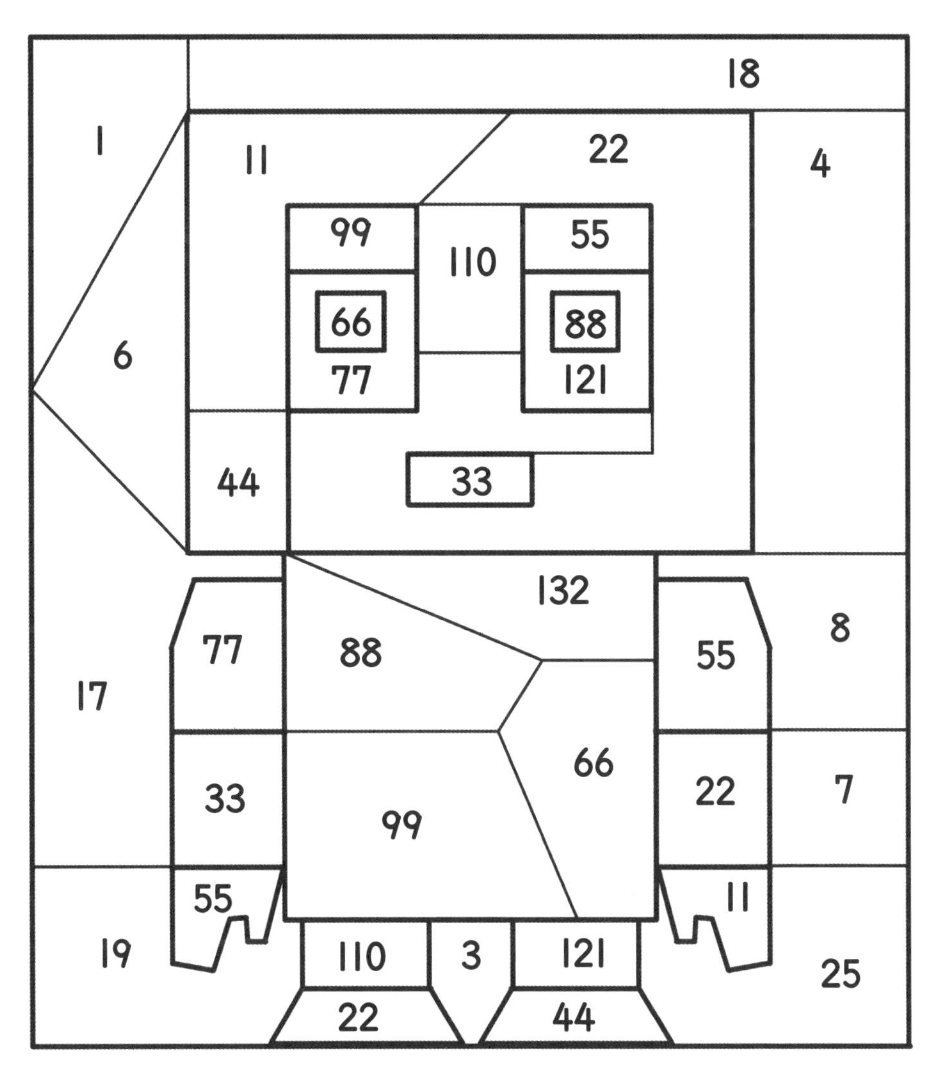

체크! 체크!

11×9까지는 일의 자리와 십의 자리 숫자가 같아요. ☐

문제를 다 푼 다음, 32쪽으로!

12단 곱셈 기억하기

1 12단 곱셈을 똑같이 따라 써 보세요.

기억하자!
12단 곱셈은 6단 곱셈의 2배예요.

12단 곱셈의 값은 모두 짝수야.

12 × 1 = 12		12 × 7 = 84	
12 × 2 = 24		12 × 8 = 96	
12 × 3 = 36		12 × 9 = 108	
12 × 4 = 48		12 × 10 = 120	
12 × 5 = 60		12 × 11 = 132	
12 × 6 = 72		12 × 12 = 144	

2 관계있는 곱셈식과 나눗셈식을 선으로 이어 보세요.

12 ÷ 1 = 12

24 ÷ 2 = 12

36 ÷ 3 = 12

48 ÷ 4 = 12

60 ÷ 5 = 12

72 ÷ 6 = 12

12 × 6 = 72

12 × 4 = 48

12 × 1 = 12

12 × 5 = 60

12 × 11 = 132

12 × 3 = 36

12 × 2 = 24

12 × 9 = 108

12 × 8 = 96

12 × 10 = 120

12 × 7 = 84

12 × 12 = 144

84 ÷ 7 = 12

96 ÷ 8 = 12

108 ÷ 9 = 12

120 ÷ 10 = 12

132 ÷ 11 = 12

144 ÷ 12 = 12

3 12단 곱셈을 이용하여 알맞은 스티커를 붙여 아이들이 사과를 가질 수 있게 도와주세요.

4 곱셈을 하여 암호를 풀어 보세요. 곱셈의 답에 해당하는 알파벳을 표에서 찾아 빈칸에 쓰세요.

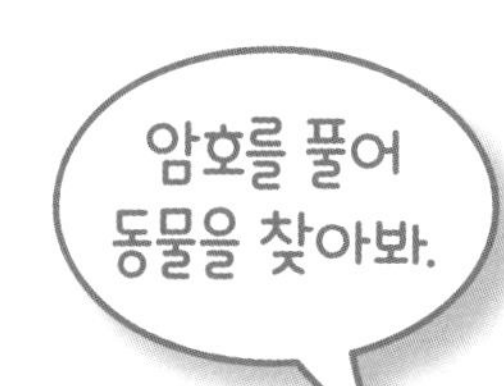

암호					
	12 = a	62 = f	92 = k	108 = p	148 = v
	24 = b	70 = g	96 = l	112 = q	150 = w
	36 = c	72 = h	98 = m	120 = r	152 = x
	48 = d	84 = i	102 = n	132 = s	153 = y
	60 = e	86 = j	104 = o	144 = t	158 = z

12 × 10　12 × 1　12 × 2　12 × 2　12 × 7　12 × 12　12 × 11

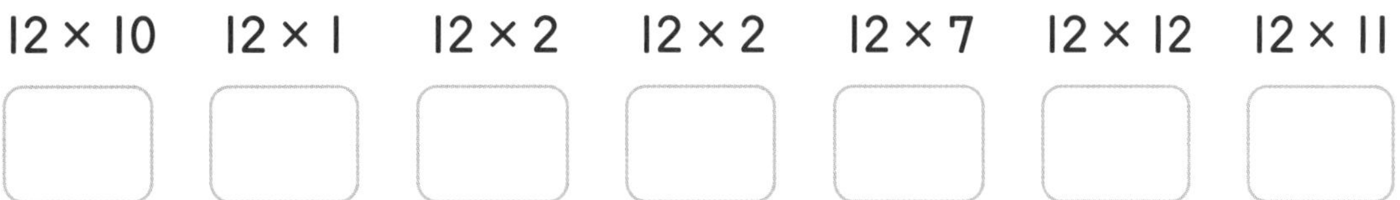

12 × 3　12 × 1　12 × 12　12 × 12　12 × 8　12 × 5

12 × 11　12 × 6　12 × 5　12 × 5　12 × 9

12 × 2　12 × 7　12 × 10　12 × 4　12 × 11

12 × 4　12 × 5　12 × 5　12 × 10

체크! 체크!

답이 모두 짝수인지 확인해 보세요.

* rabbits 토끼, cattle 소, sheep 양, birds 새, deer 사슴

문제를 다 푼 다음, 32쪽으로!

곱셈 도전 (1)

1 곱셈을 이용하여 빈칸을 채워 고양이가 장난감을 가질 수 있도록 도와주세요.

1 4단 곱셈을 이용하세요.

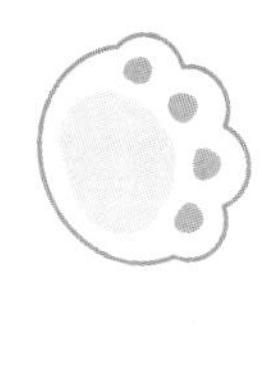

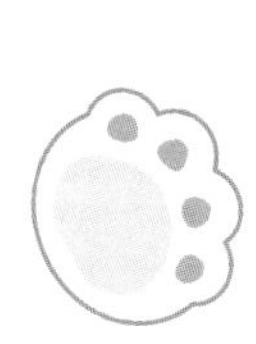

2 6단 곱셈을 이용하세요.

3 11단 곱셈을 이용하세요.

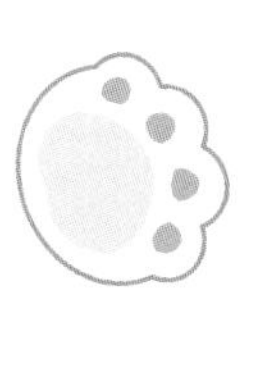
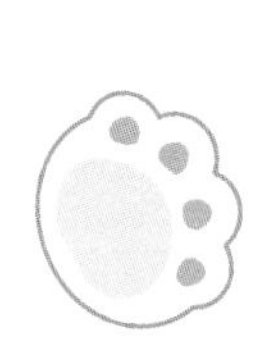

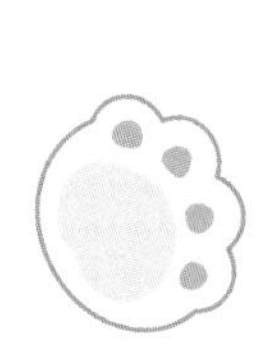

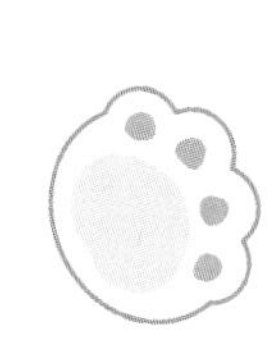

4 12단 곱셈을 이용하세요.

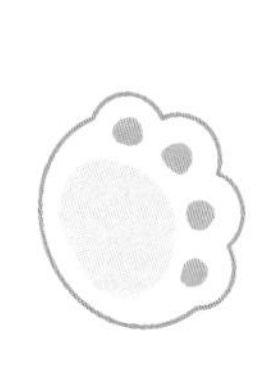

2 아래 곱셈의 답을 구하여 점과 점을 순서대로 이어 보세요.

2 × 3
5 × 5
6 × 7
9 × 12
11 × 9
5 × 1
7 × 9
3 × 11
11 × 7
3 × 6
4 × 8
2 × 3

32
18
6
25
77
33
42
108
63
5
99

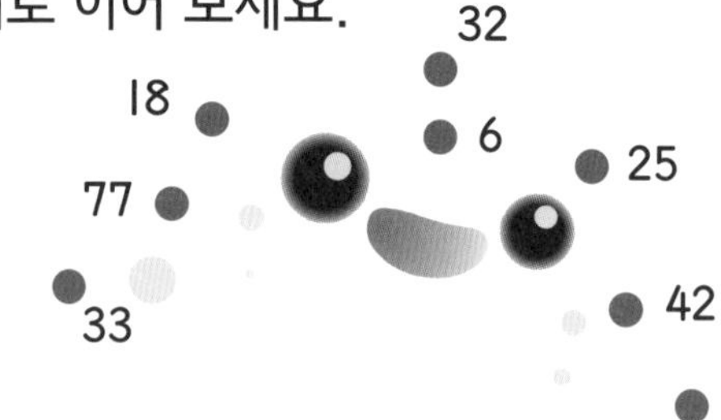

3 아래 수는 가로줄과 세로줄에 있는 수를 곱한 값이에요.
가로줄과 세로줄이 만나는 곳에 어떤 그림이 있나요?
아래 수의 빈 곳에 알맞은 그림 이름을 쓰세요.

내가 잃어버린 물건들이 어디 있는지 찾아 줘!

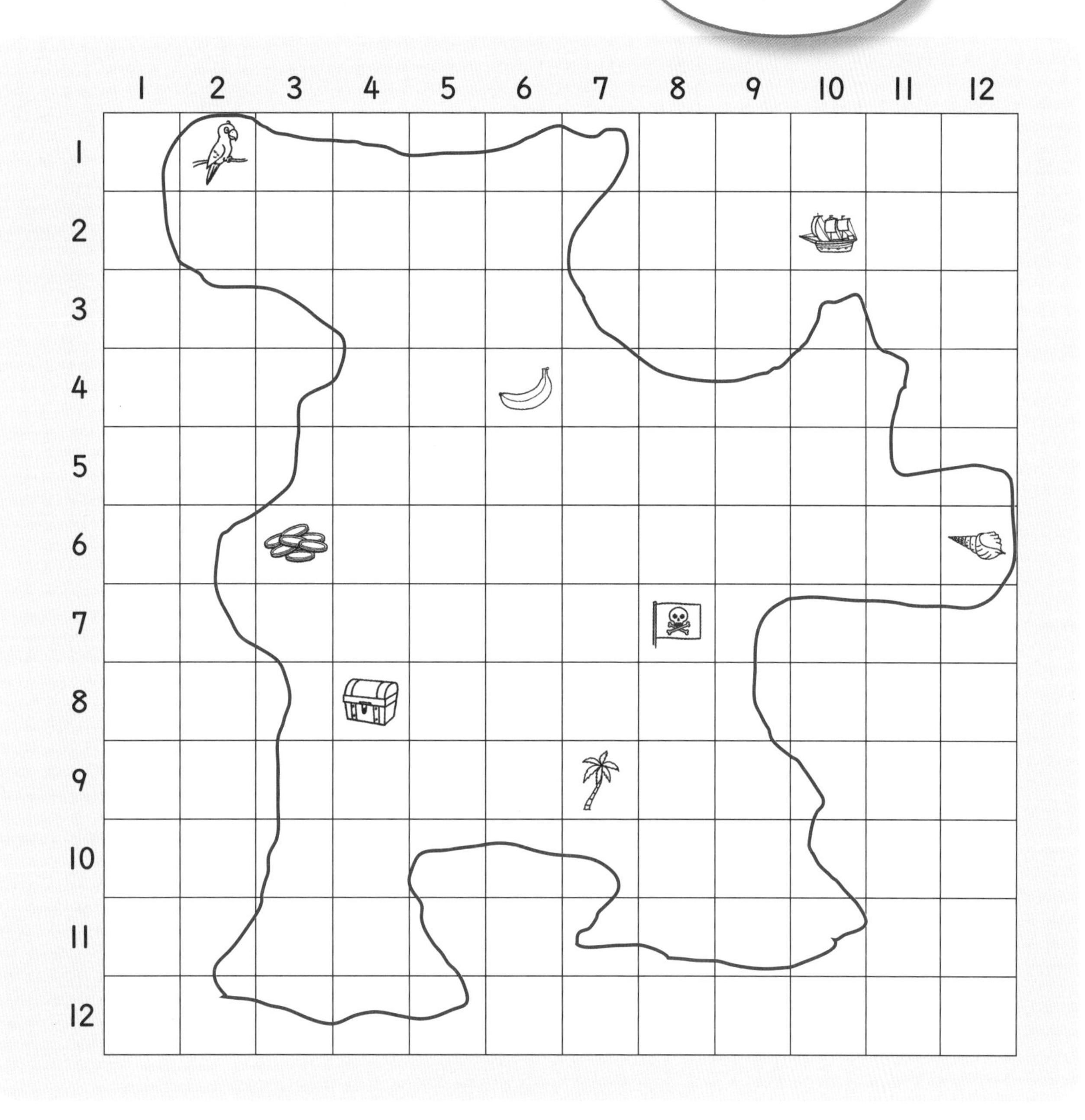

32 ____________ 24 ____________

63 ____________ 72 ____________

20 ____________ 56 ____________

2 ____________ 18 ____________

문제를 다 푼 다음, 32쪽으로!

곱셈 도전 (2)

1 주사위를 던져 나온 수만큼 보드 위를 이동하세요. 곱셈 칸에 도착하면 곱셈을 하여 그 수만큼 앞으로 이동하세요. 나눗셈 칸에 도착하면 나눗셈을 하여 그 수만큼 뒤로 이동하세요. 먼저 도착하면 이기는 거예요.

$12 \div 3$

2×6

7×2

3×6

2×2

5×3

$35 \div 7$

$7 \div 7$

$132 \div 11$

$144 \div 8$

$9 \div 3$

2×4

$64 \div 8$

$96 \div 12$

$144 \div 12$

2×3

$44 \div 11$

12×1

$36 \div 6$

$55 \div 11$

$12 \div 4$

2×1

11×2

$32 \div 8$

도착

칭찬 스티커를 붙이세요.

문제를 다 푼 다음, 32쪽으로!

문장형 문제

1 다음 문제를 풀어 보세요.

기억하자!
문제를 잘 읽고 계산식을 써 보세요.

1 사과가 6개씩 7묶음 있어요.
사과는 모두 몇 개인가요?

2 8의 두 배는 얼마인가요?

3 10의 세 배는 얼마인가요?

4 토끼집이 7개 있어요. 토끼집 하나에는 토끼 4마리가 들어가 있어요.
토끼는 모두 몇 마리인가요?

5 벌집 하나에 벌 12마리가 살아요. 벌집 11개에 사는 벌은 모두 몇 마리인가요?

6 연필이 7자루씩 9묶음 있어요. 연필은 모두 몇 자루인가요?

‘똑같이 나누다’,
‘몇 번 들어갈까’.
이런 말이 나오면
나눗셈 문제야.

‘몇씩 몇 묶음’, ‘몇씩 몇 세트’,
‘두 배’, ‘세 배’. 이런 말이
나오면 곱셈 문제야.

2 다음 문제를 풀어 보세요.

1 책이 44권 있어요. 이 책을 친구 11명에게 똑같이 나눠 주려고 해요. 한 친구에게 책을 몇 권씩 줄 수 있나요?

2 포도가 120알 있어요. 이 포도를 어린이 10명이 똑같이 나누어 먹으려고 해요. 한 명이 포도를 몇 알씩 먹을 수 있나요?

3 거미 다리의 수를 모두 더했더니 96개예요. 거미 한 마리의 다리는 8개예요. 거미는 모두 몇 마리인가요?

4 바나나 72개를 접시 9개에 똑같이 나누어 담으려고 해요. 접시 하나에 바나나 몇 개를 담아야 하나요?

5 연필이 132자루 있어요. 이 연필을 친구 11명에게 똑같이 나누어 주려고 해요. 한 친구에게 연필을 몇 자루씩 나누어 줄 수 있나요?

6 36에 12가 몇 번 들어가나요?

칭찬 스티커를 붙이세요.

곱셈과 나눗셈을 잘할 수 있게 되었니?

문제를 다 푼 다음, 32쪽으로!

곱셈 종합

1 곱셈을 해 보세요.

2 × 1 = ☐ 2 × 2 = ☐ 2 × 3 = ☐ 2 × 4 = ☐ 2 × 5 = ☐ 2 × 6 = ☐

2 × 7 = ☐ 2 × 8 = ☐ 2 × 9 = ☐ 2 × 10 = ☐ 2 × 11 = ☐ 2 × 12 = ☐

3 × 1 = ☐ 3 × 2 = ☐ 3 × 3 = ☐ 3 × 4 = ☐ 3 × 5 = ☐ 3 × 6 = ☐

3 × 7 = ☐ 3 × 8 = ☐ 3 × 9 = ☐ 3 × 10 = ☐ 3 × 11 = ☐ 3 × 12 = ☐

4 × 1 = ☐ 4 × 2 = ☐ 4 × 3 = ☐ 4 × 4 = ☐ 4 × 5 = ☐ 4 × 6 = ☐

4 × 7 = ☐ 4 × 8 = ☐ 4 × 9 = ☐ 4 × 10 = ☐ 4 × 11 = ☐ 4 × 12 = ☐

5 × 1 = ☐ 5 × 2 = ☐ 5 × 3 = ☐ 5 × 4 = ☐ 5 × 5 = ☐ 5 × 6 = ☐

5 × 7 = ☐ 5 × 8 = ☐ 5 × 9 = ☐ 5 × 10 = ☐ 5 × 11 = ☐ 5 × 12 = ☐

6 × 1 = ☐ 6 × 2 = ☐ 6 × 3 = ☐ 6 × 4 = ☐ 6 × 5 = ☐ 6 × 6 = ☐

6 × 7 = ☐ 6 × 8 = ☐ 6 × 9 = ☐ 6 × 10 = ☐ 6 × 11 = ☐ 6 × 12 = ☐

곱셈을 노래로 부르면
더 잘 기억할 수 있어.

7 × 1 =	7 × 2 =	7 × 3 =	7 × 4 =	7 × 5 =	7 × 6 =
7 × 7 =	7 × 8 =	7 × 9 =	7 × 10 =	7 × 11 =	7 × 12 =

8 × 1 =	8 × 2 =	8 × 3 =	8 × 4 =	8 × 5 =	8 × 6 =
8 × 7 =	8 × 8 =	8 × 9 =	8 × 10 =	8 × 11 =	8 × 12 =

9 × 1 =	9 × 2 =	9 × 3 =	9 × 4 =	9 × 5 =	9 × 6 =
9 × 7 =	9 × 8 =	9 × 9 =	9 × 10 =	9 × 11 =	9 × 12 =

10 × 1 =	10 × 2 =	10 × 3 =	10 × 4 =	10 × 5 =	10 × 6 =
10 × 7 =	10 × 8 =	10 × 9 =	10 × 10 =	10 × 11 =	10 × 12 =

11 × 1 =	11 × 2 =	11 × 3 =	11 × 4 =	11 × 5 =	11 × 6 =
11 × 7 =	11 × 8 =	11 × 9 =	11 × 10 =	11 × 11 =	11 × 12 =

12 × 1 =	12 × 2 =	12 × 3 =	12 × 4 =
12 × 5 =	12 × 6 =	12 × 7 =	12 × 8 =
12 × 9 =	12 × 10 =	12 × 11 =	12 × 12 =

칭찬 스티커를 붙이세요.

문제를 다 푼 다음, 32쪽으로!

나의 실력 점검표

얼굴에 색칠하세요.

(웃는 얼굴) 잘할 수 있어요.
(보통 얼굴) 할 수 있지만 연습이 더 필요해요.
(슬픈 얼굴) 아직은 어려워요.

쪽	나의 실력은?	스스로 점검해요!
2~3	2단 곱셈을 이용할 수 있어요.	
4~5	3단 곱셈을 이용할 수 있어요.	
6~7	4단 곱셈을 이용할 수 있어요.	
8~9	5단 곱셈을 이용할 수 있어요.	
10~11	6단 곱셈을 이용할 수 있어요.	
12~13	7단 곱셈을 이용할 수 있어요.	
14~15	8단 곱셈을 이용할 수 있어요.	
16~17	9단 곱셈을 이용할 수 있어요.	
18~19	10단 곱셈을 이용할 수 있어요.	
20~21	11단 곱셈을 이용할 수 있어요.	
22~23	12단 곱셈을 이용할 수 있어요.	
24~25	모든 곱셈을 이용할 수 있어요.	
26~27	곱셈을 이용하여 게임을 할 수 있어요.	
28~29	곱셈을 이용하여 수와 관련된 문제를 풀 수 있어요.	
30~31	모든 곱셈을 기억할 수 있어요.	

정답

2~3쪽

1. 4, 6, 8, 10, 12, 14, 16, 18, 20, 22, 24

2. 6, 8, 10, 12, 14
10, 12, 14, 16, 18, 20
8, 10, 12, 14, 16, 18
14, 16, 18, 20, 22, 24

3.

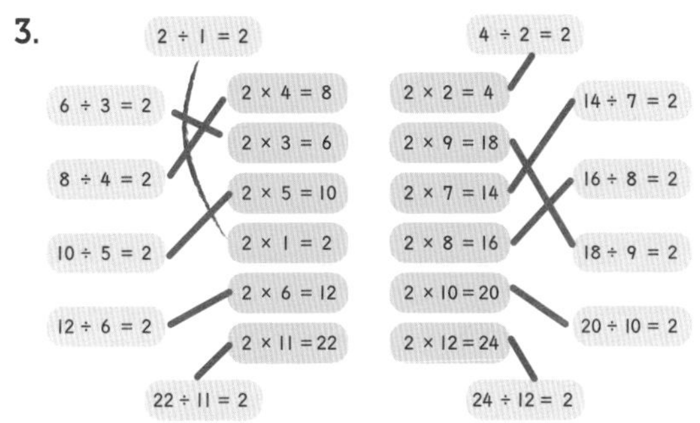

4.

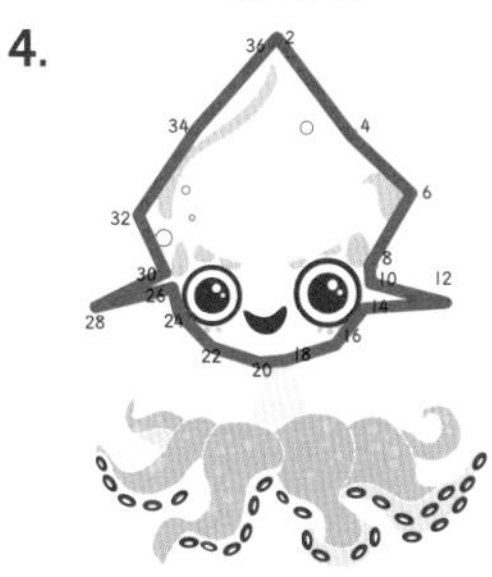

4~5쪽

1. 아이의 답을 확인해 주세요.

2. 6, 9, 12, 15, 18, 21
21, 24, 27, 30, 33, 36
18, 21, 24, 27, 30, 33
9, 12, 15, 18, 21, 24

3.

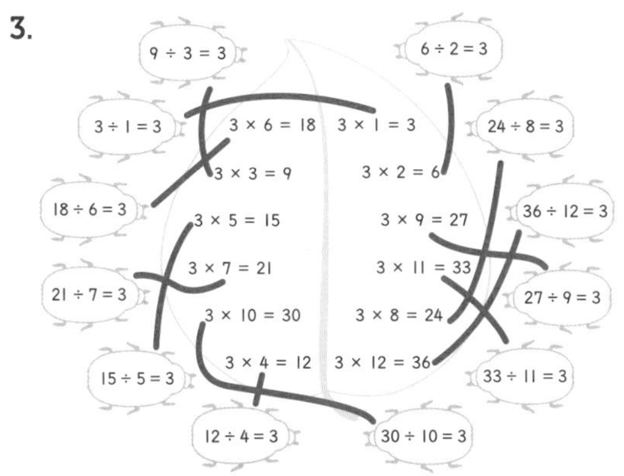

4.

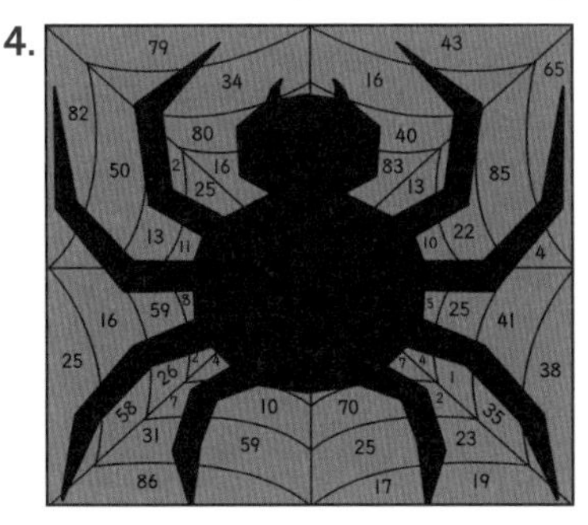

6~7쪽

1. 8, 12, 16, 20, 24, 28, 32, 36, 40, 44, 48

2.

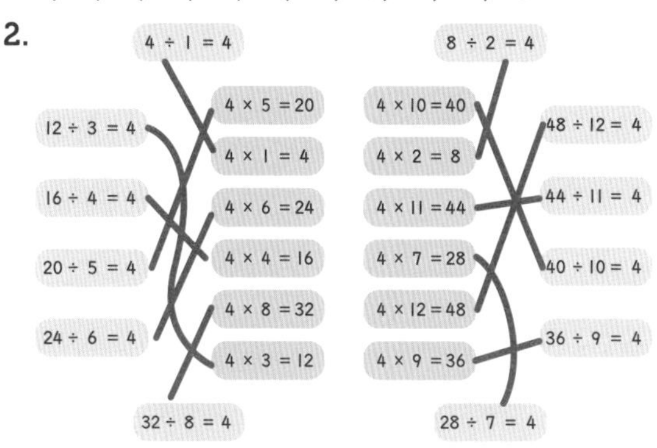

3. 12, 16, 20, 24, 28, 32
20, 24, 28, 32, 36, 40
40, 36, 32, 28, 16, 12

4. daffodil, bluebell, daisy, lilac, lily

8~9쪽

1. 아이의 답을 확인해 주세요.

2. 10, 15, 20, 25, 30, 35
25, 30, 35, 40, 45, 50
35, 40, 45, 50, 55, 60
20, 25, 30, 35, 40, 45

3.

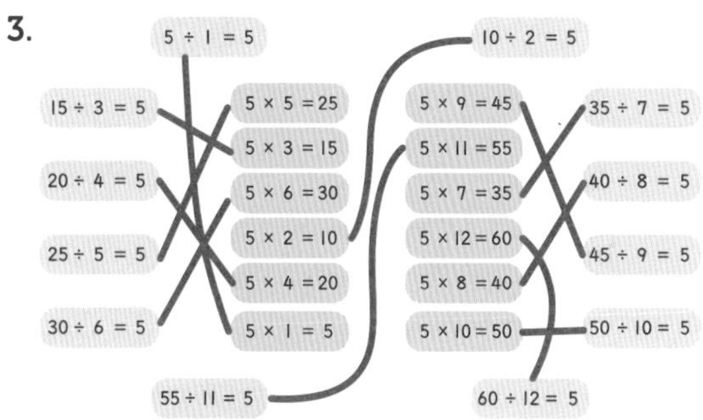

4.

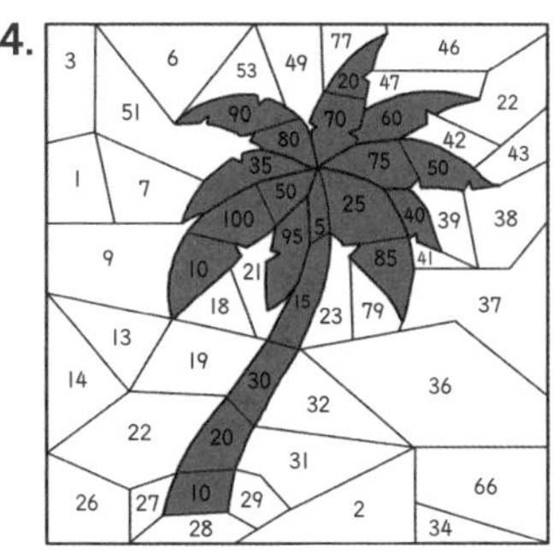

10~11쪽

1. 12, 18, 24, 30, 36, 42, 48, 54, 60, 66, 72

2. 아이의 답을 확인해 주세요.

3. 12, 18, 24, 30, 36, 42
36, 42, 48, 54, 60, 66
18, 24, 30, 36, 42, 48
30, 36, 42, 48, 54, 60

4. $6 \div 1 = 6 \rightarrow 6 \times 1 = 6$
$18 \div 3 = 6 \rightarrow 6 \times 3 = 18$
$24 \div 4 = 6 \rightarrow 6 \times 4 = 24$
$30 \div 5 = 6 \rightarrow 6 \times 5 = 30$
$36 \div 6 = 6 \rightarrow 6 \times 6 = 36$
$66 \div 11 = 6 \rightarrow 6 \times 11 = 66$
$72 \div 12 = 6 \rightarrow 6 \times 12 = 72$
$12 \div 2 = 6 \rightarrow 6 \times 2 = 12$
$42 \div 7 = 6 \rightarrow 6 \times 7 = 42$
$48 \div 8 = 6 \rightarrow 6 \times 8 = 48$
$54 \div 9 = 6 \rightarrow 6 \times 9 = 54$
$60 \div 10 = 6 \rightarrow 6 \times 10 = 60$

12~13쪽

1. 14, 21, 28, 35, 42, 49, 56, 63, 70, 77, 84

2. 14, 21, 28, 35, 42, 49
28, 35, 42, 49, 56, 63
42, 49, 56, 63, 70, 77
21, 28, 35, 42, 49, 56

3.

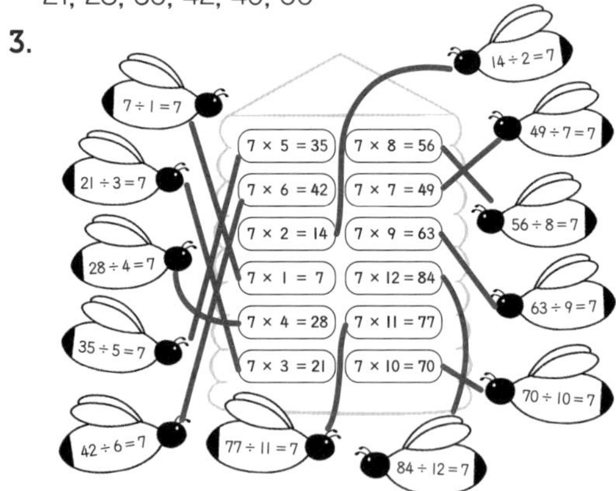

4.

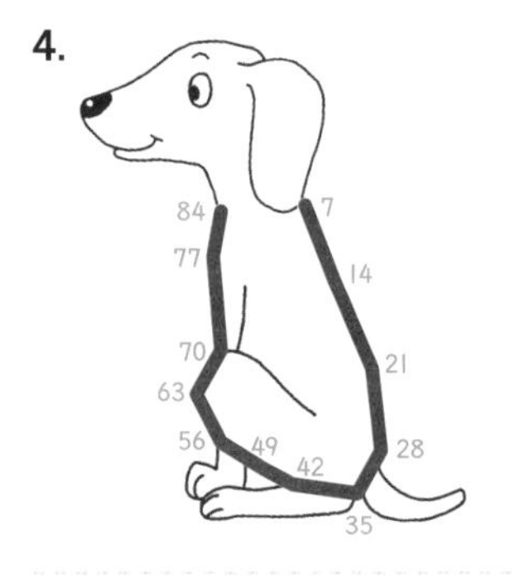

14~15쪽

1. 아이의 답을 확인해 주세요.

2.

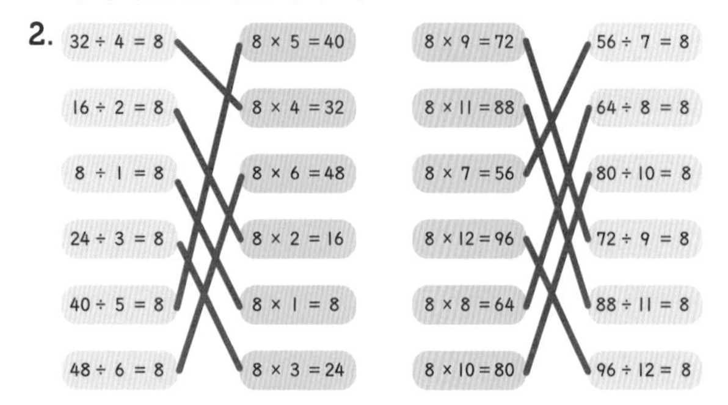

3. 16, 24, 32, 40, 48, 56
32, 40, 48, 56, 64, 72
40, 48, 56, 64, 72, 80
24, 32, 40, 48, 56, 64

4. broccoli, cabbage, potato, bean, pea

16~17쪽

1. 9, 18, 27, 36, 45, 54, 63, 72, 81, 90, 99, 108

2. 아이의 답을 확인해 주세요.

3.

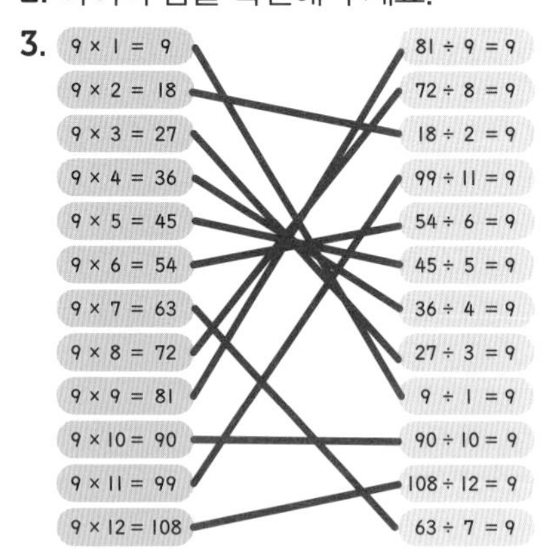

4. 27, 36, 45, 54, 63, 72
36, 63, 72, 81, 90, 99, 108
72, 63, 54, 45, 18, 9
90, 81, 72, 63, 54, 45, 36, 27

18~19쪽

1. 아이의 답을 확인해 주세요.

2. 20, 30, 40, 50, 60, 70
40, 50, 60, 70, 80, 90
70, 80, 90, 100, 110, 120
50, 60, 70, 80, 90, 100

3.

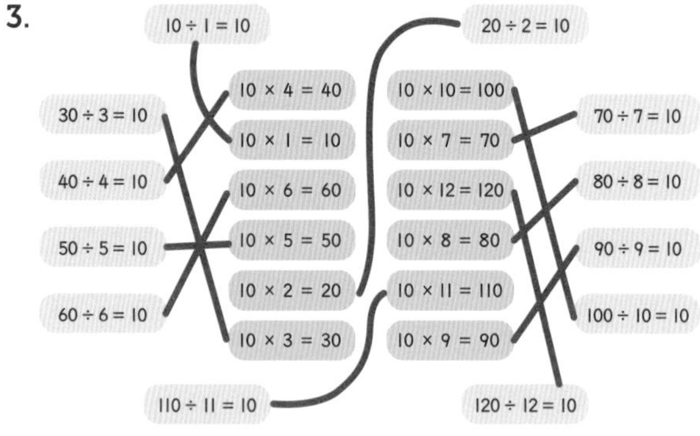

4.

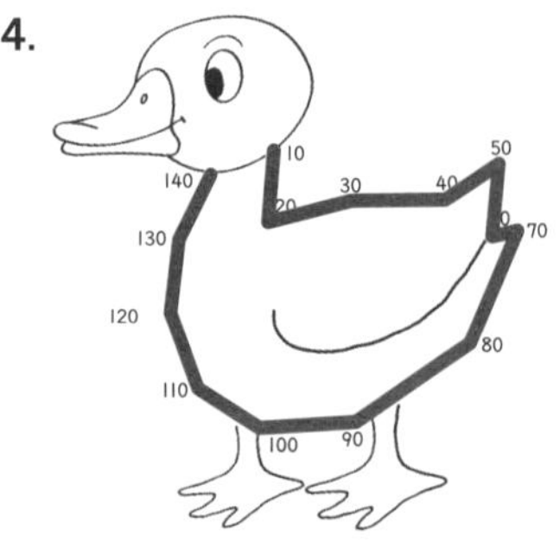

20~21쪽

1. 11, 22, 33, 44, 55, 66, 77, 88, 99, 110, 121, 132

2.

11 ÷ 1 = 11
22 ÷ 2 = 11
33 ÷ 3 = 11
11 × 3 = 33
11 × 9 = 99
77 ÷ 7 = 11
11 × 11 = 121
11 × 12 = 132
44 ÷ 4 = 11
11 × 5 = 55
11 × 2 = 22
88 ÷ 8 = 11
55 ÷ 5 = 11
11 × 1 = 11
11 × 7 = 77
99 ÷ 9 = 11
11 × 6 = 66
11 × 10 = 110
66 ÷ 6 = 11
11 × 4 = 44
11 × 8 = 88
110 ÷ 10 = 11
121 ÷ 11 = 11
132 ÷ 12 = 11

3. 33, 44, 55, 66, 77, 88
44, 55, 88, 99, 110, 121, 132
99, 88, 77, 66, 55, 44
99, 88, 77, 66, 44, 33, 22, 11

4.

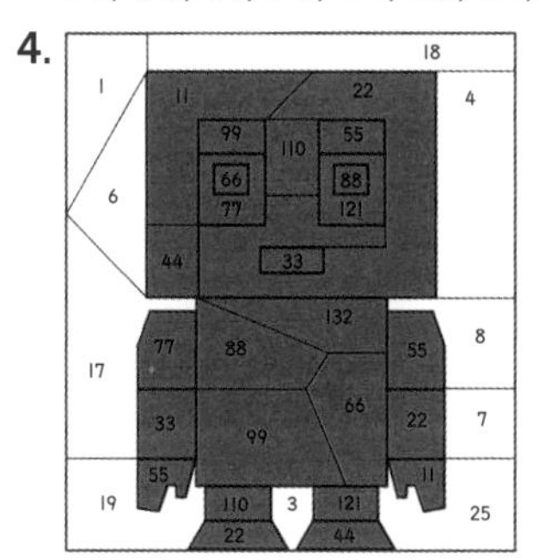

22~23쪽

1. 아이의 답을 확인해 주세요.

2.

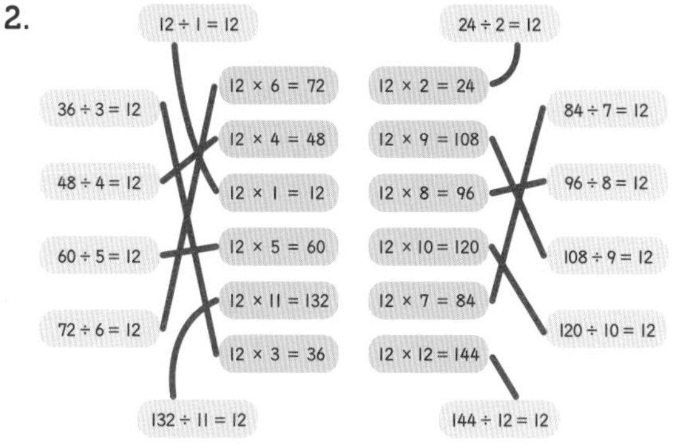

3. 24, 36, 48, 60, 72, 84, 96
60, 72, 84, 96, 108, 120, 132
72, 84, 96, 108, 120, 132, 144

4. rabbits, cattle, sheep, birds, deer

24~25쪽

1-1. 20, 24, 28, 32, 36, 40
1-2. 24, 30, 36, 42, 48, 54
1-3. 33, 44, 55, 66, 77, 88
1-4. 36, 48, 60, 72, 84, 96

2.

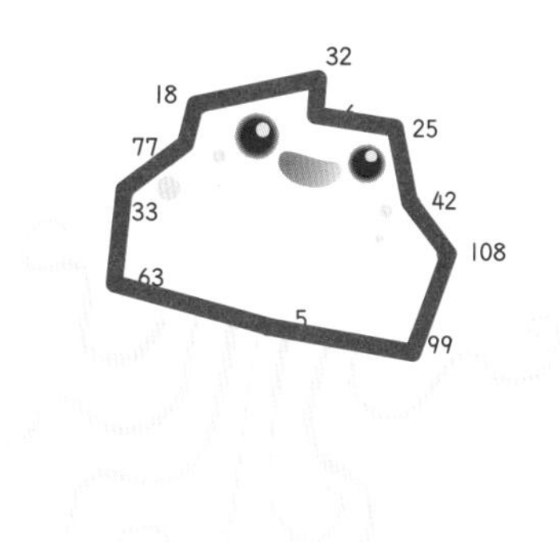

3. 32 = 보물 상자, 63 = 야자나무, 20 = 배, 2 = 앵무새,
24 = 바나나, 72 = 소라, 56 = 깃발, 18 = 돈

26~27쪽

1. 아이와 함께 게임을 해 보세요.

28~29쪽

1-1. 6 × 7 = 42(개)
1-2. 8 × 2 = 16
1-3. 10 × 3 = 30
1-4. 7 × 4 = 28(마리)
1-5. 12 × 11 = 132(마리)
1-6. 7 × 9 = 63(자루)
2-1. 44 ÷ 11 = 4(권)
2-2. 120 ÷ 10 = 12(알)
2-3. 96 ÷ 8 = 12(마리)
2-4. 72 ÷ 9 = 8(개)
2-5. 132 ÷ 11 = 12(자루)
2-6. 36 ÷ 12 = 3(번)

30~31쪽

1. 아이의 답을 확인해 주세요.

런런 옥스퍼드 수학

6-3 곱셈 실력 다지기

초판 1쇄 발행 2022년 12월 6일
글·그림 옥스퍼드 대학교 출판부 **옮김** 상상오름
발행인 이재진 **편집장** 안경숙 **편집 관리** 윤정원 **편집 및 디자인** 상상오름
마케팅 정지운, 김미정, 신희용, 박현아, 박소현 **국제업무** 장민경, 오지나 **제작** 신홍섭
펴낸곳 (주)웅진씽크빅
주소 경기도 파주시 회동길 20 (우)10881
문의 031)956-7403(편집), 02)3670-1191, 031)956-7065, 7069(마케팅)
홈페이지 www.wjjunior.co.kr **블로그** wj_junior.blog.me **페이스북** facebook.com/wjbook
트위터 @wjbooks **인스타그램** @woongjin_junior
출판신고 1980년 3월 29일 제406-2007-00046호
원제 PROGRESS WITH OXFORD: MATH

ISBN 978-89-01-26544-5
ISBN 978-89-01-26510-0 (세트)

잘못 만들어진 책은 바꾸어 드립니다.
주의 1. 책 모서리가 날카로워 다칠 수 있으니 사람을 향해 던지거나 떨어뜨리지 마십시오.
2. 보관 시 직사광선이나 습기 찬 곳은 피해 주십시오.